AF454751

LES ALIMENTS D'HIVER

QUI PEUVENT

REMPLACER LA POMME DE TERRE

IMPRIMERIE D'EM. DEVROYE ET COMP^e.

ALIMENTS D'HIVER

QUI PEUVENT

REMPLACER LA POMME DE TERRE,

PAR LE DOCTEUR GEORGE,

PROFESSEUR ORDINAIRE A LA FACULTÉ DES SCIENCES DE L'UNIVERSITÉ
DE BRUXELLES, ETC.

Nequam agricolam esse quisquis emeret quod præstare ei fundus posset.

PLINE, *Hist. nat.*, lib. xviii.

C'est un méchant cultivateur celui qui achète ailleurs ce que son propre fonds peut lui produire.

Bruxelles,

CHEZ LES PRINCIPAUX LIBRAIRES.

—

1846.

SUR

LES ALIMENTS D'HIVER

QUI PEUVENT

REMPLACER LA POMME DE TERRE,

La commission chargée, l'an passé, de l'examen des questions relatives à la maladie des pommes de terre reçut, entre autres, la lettre suivante de M. le Ministre de l'Intérieur.

Bruxelles, 16 octobre 1845.

MESSIEURS,

« La disette de pommes de terre qui va diminuer
» si généralement, cette année, les moyens d'exis-
» tence des classes ouvrières et pauvres, démontre
» combien il importe que l'on ne se borne pas à une
» culture presque unique, pour pourvoir aux ali-
» ments d'hiver.

» Cette calamité doit engager les cultivateurs à

1

» multiplier les produits destinés à l'alimentation des
» classes ouvrières et d'une conservation facile.

» Il me serait extrêmement utile, Messieurs, de
» recevoir votre avis sur les mesures que vous juge-
» riez les plus propres pour atteindre ce but, sur
› les genres de culture qui vous paraissent devoir
» être encouragés, et sur le mode d'intervention
» que, selon vous, le Gouvernement pourrait em-
» ployer auprès des cultivateurs. »

Ayant eu l'honneur de faire partie de cette commission, j'ai pris sur moi, à défaut d'autres, de
tâcher de résoudre les questions proposées par M. le
Ministre; mais avant d'entrer en matière, il me
paraît convenable d'exposer en peu de mots ce que
l'on entend par *aliment, nourriture,* choses qui ne
sont pas assez généralement connues, et d'y joindre
quelques autres considérations.

Dans sa plus large signification on désigne sous le
nom d'aliment toute substance solide, ou liquide, ou
gazeuse, qui, introduite dans le canal digestif des
animaux, et portée avec le sang dans tous les tissus,
s'assimile aux organes ou répare leurs pertes. Il suit
de là que, pour qu'il y ait alimentation, il faut qu'il y
ait assimilation; et que plus une ou plusieurs substances contiendront de parties assimilables, et qu'en
même temps l'assimilation sera plus facile et plus
complète, et plus aussi la nutrition et la réparation
seront parfaites. Sous un point de vue plus restreint,
l'aliment est toute substance qui, introduite dans

les voies digestives, est apte à apaiser la sensation
particulière de la faim et à subir dans ces cavités des
changements qui lui permettent de former la por-
tion solide du fluide nourricier et de devenir partie
constituante de l'organisme. Or, la faim étant une
sensation douloureuse produite par les frictions
qu'exerce sur lui-même l'estomac vide, toute substance qui distendra assez pour empêcher ces frictions peut être dite un aliment. On sait que les
nègres qui ont le mal d'estomac et plusieurs femmes
affectées de pica ou gastralgie, mangent avidement
des argiles bolaires : que plusieurs peuplades sauvages, comme les Otomaques en Amérique, etc.,
lestent leur estomac de ces sortes de terres dans leurs
longues chasses quand ils ont faim : les loups, et probablement d'autres animaux encore, le font aussi.
On en tire une conclusion importante, c'est qu'il
ne suffit pas d'introduire dans l'estomac, par exemple, la quintessence de la viande de bœuf ou de toute
autre substance nutritive réduite à sa plus simple
expression, telle qu'on puisse la renfermer dans une
petite fiole, mais aussi on en conclut que l'estomac
a besoin d'être lesté et distendu pendant un certain
temps. Voilà ce qui explique la grande consommation qui se fait de la pomme de terre. Les substances
alimentaires qui devront lui servir de succédanés
seront donc celles qui, non-seulement contiendront
le plus de matière assimilable, mais aussi celles qui,
sans être trop pesantes, lesteront et distendront

pendant un temps convenable l'estomac pour empêcher la sensation de la faim. Quoi qu'il en soit, les
aliments de l'homme se tirent uniquement du règne
organique, et dans les exemples connus de géopha-
gie on voit toujours l'usage de quelques matières
organiques joint à celui des substances argileuses.

On a beaucoup discuté pour savoir si les aliments
de l'homme devaient être exclusivement tirés du
règne végétal ou du règne animal; en un mot, si
l'homme était un animal herbivore ou carnivore.

Lorsqu'Helvétius avançait que l'homme est un
animal essentiellement carnivore, lorsque Plutarque
et J.-J. Rousseau regardent l'homme qui se nourrit
de viandes comme un animal dépravé, ces philoso-
phes méconnaissaient également la nature physique
de l'homme. Qu'il me suffise de dire, sans entrer
dans des détails que mon sujet ne comporte pas, que
les physiologistes ont montré par l'observation des
faits, contraire à toute opinion exclusive, et par
l'examen des organes qui effectuent les divers actes
de la digestion, que l'homme tient le milieu entre
les carnivores et les herbivores; en un mot, qu'il est
omnivore ou polyphage. Lors même que les connais-
sances physiologiques ne le prouveraient pas suffi-
samment, le fait serait mis hors de doute par le
témoignage des historiens et par les relations des
voyageurs. Mais la physiologie n'a pas pu déterminer
d'une manière absolue, d'après cette même organisation, dans quelles proportions les substances ani-

males et les substances végétales devaient entrer dans son alimentation. En effet, l'usage des viandes est plus général dans les contrées septentrionales, et c'est ici le cas de rappeler que nos paysans mangeaient beaucoup plus de viande de porc autrefois qu'aujourd'hui ; cette viande éminemment nutritive faisait la base de leur soupe grasse aux panais dont l'usage était presque journalier, comme l'attestent et nos vieilles chroniques et les plus âgés de nos contemporains qui en avaient reçu les traditions, dans leur jeunesse, des vieillards d'alors.

Ce qui contribuait à rendre l'usage de cette viande plus général et la rendait plus savoureuse, c'était la coutume de la vaine pâture et le droit de parcours dans les forêts de l'État, forêts plus étendues qu'elles ne le sont maintenant et plus abondamment fournies de chênes et de hêtres, surtout des premiers, dont les glands donnent cette juste renommée aux jambons des Ardennes et de Bayonne.

Ce ne fut qu'en 1713, ainsi que l'atteste Van Hultem, pendant les guerres des alliés contre Louis XIV, que les soldats irlandais, qui mangeaient abondamment des pommes de terre, furent cause qu'on commença à cultiver celles-ci en grand dans la Belgique, et c'est depuis cette époque qu'on a négligé pour elles d'autres cultures que l'exemple de ce qui vient d'arriver cette année doit engager à reprendre. Il ne faut donc pas borner la culture à certaines plantes ; certaines espèces d'animaux ne doivent pas non plus être exclusivement élevés et entretenus.

Le régime alimentaire doit donc varier beaucoup,
sous le rapport de sa quantité et de ses qualités, selon
le tempérament et la constitution des individus,
leur âge, leur genre de vie, les localités qu'ils habitent; et cela est si vrai, que tous les jours l'expérience
démontre combien est grande l'influence exercée
par la nature des aliments sur la composition des
différentes parties du corps et sur le plus ou moins
d'activité des facultés intellectuelles, et par conséquent
sur le caractère et les mœurs. Sous ce rapport, j'en
appelle aux souvenirs d'un grand nombre de mes
condisciples élevés dès leur tendre jeunesse dans les
lycées de l'intérieur de l'Empire. Combien d'entre
eux, d'une constitution lymphatique disposant aux
scrophules et au rachitisme, ont acquis une
organisation plus vigoureuse, sous l'influence d'une
alimentation telle que celle, par exemple, du lycée
d'Orléans, alimentation dont la base consistait en
chair de mouton, en haricots rouges dits d'*Orléans*
et en eau vineuse. Je ne nie pas cependant que le
changement d'air, etc., ne puisse y avoir contribué,
mais pour une faible part comparée à l'alimentation.
Il est donc d'une importance majeure de ne pas se
tenir trop exclusivement à un ou peu de genre de
nourriture. Je suis loin néanmoins de vouloir pro-
scrire la pomme de terre, mais seulement sa culture
trop étendue et trop exclusive; et je suis con-
vaincu que la facilité avec laquelle on l'obtient et
l'abondance de ses produits, jointes à son alimenta-

tion peu réparatrice, doivent avoir à la longue une influence marquée sur le physique et le moral d'une nation : l'exemple de l'Irlande ne vient que trop malheureusement à l'appui de mes assertions.

Si l'on s'en tient à la quantité de matière assimilable et à ses qualités, quelque nombreux que soient les aliments parmi lesquels l'homme choisit sa nourriture, leurs principes nutritifs sont moins variés qu'on ne pourrait le croire au premier aperçu; et, sous ce rapport, les aliments peuvent être tous rangés dans un assez petit nombre de classes sur lesquels je vais jeter un coup d'œil pour mettre cet objet à la portée de tout le monde, en appelant à mon secours les excellentes lettres du professeur Liebig, de l'université de Giessen, sur la Chimie organique, insérées dans la *Gazette d'Augsbourg,* et trop peu connues dans notre pays.

Les aliments sont ou végétaux ou animaux. Le carbone avec l'hydrogène et l'oxygène domine dans les premiers; l'azote remplace en grande partie le carbone dans les seconds.

Ces combinaisons organiques se décomposent plus facilement que les inorganiques, et la chaleur, la lumière, mais surtout la force vitale, sont la cause déterminante de la forme et des propriétés de ces composés. Si l'on soustrait ces combinaisons à l'influence de la force vitale, on a aussitôt fermentation, putréfaction, décomposition, et le mouvement est la cause de ces transformations. De ce que nous

venons de dire, il suit qu'on doit réserver exclusivement le nom d'*aliments,* qu'ils viennent des végétaux
ou des animaux, aux seules substances qui sont
susceptibles de se transformer en sang. Ce sang, outre
quelques sels à base alcaline ou terreuse et du phosphore et du soufre, est essentiellement formé d'albumine et de fibrine avec une matière colorante rouge.
Cette fibrine et cette albumine ont une composition
chimique identique (isomérique) et peuvent toutes
deux également, dans l'acte de nutrition, se transformer en fibre musculaire, et la fibre musculaire
peut à son tour se reconvertir en sang. Le carnivore,
pour entretenir sa propre vie, se consomme donc
lui-même.

Les herbivores ne se nourrissent bien que par des
substances végétales riches en azote, les substances
non azotées étant incapables de servir à la nutrition,
ainsi que l'expérience journalière le démontre. Or,
ces substances azotées, dans les végétaux, se rédui-
sent à trois formes, la *fibrine, l'albumine* et la *caséine
végétales.*

La première se trouve dans le suc des graminées,
les grains du froment et dans les semences des céréales
en général (gluten). La seconde, dans le suc des
légumes préalablement clarifié, suc de chou-fleur,
asperge, chou, navet, etc. ; dans certaines semences,
noix, amandes et autres graines où le gluten, qui
existe dans les céréales, se trouve remplacé par
de l'huile ou de la graisse. Le troisième principe

azoté ou la caséine se trouve surtout dans les pois.
les lentilles et les haricots, et déjà l'on peut tenir
note ici pourquoi j'insisterai plus tard sur la culture
de ces légumineuses pour suppléer la pomme de
terre. Ces trois substances azotées sont les véritables
substances alimentaires des animaux herbivores.
Quant aux autres principes azotés que l'on rencontre
dans les plantes, ou bien les animaux repoussent ces
plantes, si elles sont vénéneuses, ou bien l'azote qui
s'y trouve est en proportion tellement minime.
qu'elles ne peuvent contribuer à l'accroissement de
la masse du corps.

Un autre fait plus important encore, c'est l'iden-
tité de la composition de ces trois substances végétales avec celle des principes essentiels du sang.
c'est-à-dire de la fibrine et de l'albumine animales :
et même les proportions des autres substances, telles
que le soufre, le phosphore, la chaux, les phosphates
alcalins, etc., sont absolument les mêmes.

Grâce à ces découvertes fécondes, la chimie nous
a dévoilé l'admirable simplicité de la nutrition chez
les animaux, c'est-à-dire de la formation, du développement et de la conservation des organes qui con-
stituent l'individu. En effet, les substances végétales
qui, une fois digérées par les animaux, vont servir
à la formation du sang, contiennent déjà tout formés
les principes essentiels du sang, la fibrine et l'albumine, plus une certaine quantité de fer que nous
retrouvons dans le sang. L'organisme cependant peut

produire encore d'autres combinaisons, mais les bases y sont, et il s'en suit que l'animal n'est qu'un végétal d'un ordre supérieur qui se développe précisément aux dépens des substances qu'une plante ordinaire ne produit qu'au moment même où elle va périr (fermentation, putréfaction, décomposition). Indépendamment de ces substances qui sont la base de l'alimentation, d'autres substances, qui ne contiennent pas d'azote, jouent un rôle dans l'organisme animal : telles sont le sucre, la gomme, la fécule, la pectine, etc.

Il suit de ce que nous venons de dire que les substances alimentaires qui servent à la nourriture de l'homme se divisent naturellement en deux classes : en aliments azotés et en aliments non azotés. Les premiers possèdent la faculté de se tranformer en sang, les seconds ne la possèdent pas : les premiers fournissent les éléments des tissus et des organes ; les seconds servent uniquement dans l'état normal à entretenir la respiration et à produire la chaleur animale.

Les premiers sont la fibrine, l'albumine et la caséine végétales, la chair, le sang des animaux ; les seconds, la graisse, l'amidon, la gomme, les diverses espèces de sucre, la pectine, la bassorine, etc., le vin, la bierre, l'eau-de-vie. Quant à la gélatine, il paraît qu'elle n'est pas propre à former du sang, mais seulement des cellules, des membranes et la trame du tissu osseux, et à l'appui de cette opinion viendraient les récits des médecins qui ont résidé en Orient, à savoir que les femmes turques, en se nourrissant de riz et en s'administrant fréquemment des lavements de bouillon, ont trouvé un excellent moyen d'augmenter chez elles la production du tissu cellulaire et de la graisse.

De même que la composition chimique dont nous venons de nous occuper influe sur les propriétés nutritives, de même les qualités physiques des aliments ont sur leur digestibilité une influence toute particulière sur laquelle il convient de s'arrêter un moment.

Les molécules, en présentant divers degrés de cohésion, de volume, sont plus ou moins susceptibles de se dissoudre dans les fluides digestifs. Ainsi, par exemple, les amylacés absorbent l'humidité et se ramollissent aisément; les mucilagineux, à cause de leur viscosité, sont peu solubles.

La préparation et les modifications diverses des aliments influent, dans leur action, sur l'organisme. Ainsi, la coction concrète l'albumine, le grillage rend la fécule plus soluble. La première enlève le principe âcre des pommes de terre, de l'ail, du chou et d'autres plantes, développe le principe sucré des légumineuses et des racines alimentaires. La fermentation acide et même putride, en détruisant le principe sucré, la première dans le pain, la seconde dans la choucroute, permet leur conservation.

Après ces considérations générales, qui me paraissent être à la portée des gens du monde, je vais passer à la description des différents végétaux qui peuvent servir à la nourriture de l'homme ou des animaux. Le classement par familles naturelles ayant sur tous les autres une grande supériorité, c'est celui que nous adoptons.

GRAMINÉES.

Maïs. *Zea maïs*, L.

Je ne dirai rien du maïs, sinon que la culture en a été essayée en grand chez nous, aux frais du Gouvernement, par quelques réfugiés italiens, et qu'elle n'a nullement réussi. Si l'on voulait cultiver cette plante originaire de l'Amérique sur une petite échelle pour engraisser la volaille, on devrait préférer les variétés dites *maïs quarantaine* et *maïs à poulet,* à raison de leur précocité, de la petitesse de leurs épis et aussi du peu de volume de la plante. La première de ces deux variétés est originaire de Saint-Domingue, où elle met en effet quarante jours à mûrir. La seconde, chez nous, accomplit le cercle de sa végétation en deux mois : le quarantain mûrit quinze jours plus tard. Terre profonde : sol léger, un peu humide ; épuise fortement la terre de ses sels alcalins. La farine du maïs ne contient pas de gluten et n'est jamais très fine, ce qui l'empêche d'être propre à la fabrication du pain, à moins qu'on n'y ajoute moitié ou au moins un tiers de farine de froment ; à l'aide de ce mélange, on peut en confectionner un pain agréable au goût et très sain. Cependant Dodonée dit que ce pain est peu blanc, dur, sec, et comme deux fois cuit, et que le maïs est inférieur comme nourriture, non-seulement au froment et au seigle, mais même à l'orge. *Ex frumento Turcico panis mediocriter quidem candidus, durus ac siccus, veluti biscoctus. Cæterùm nutriendo Triticis omnibus, ipsoque non solùm Secali, sed et Hordeo longè est inferiùs.*

Panic de Germanie. *Panicum germanicum.* GAUD. (**Moha** des Hongrois.) *Setaria germanica.* BEAUV.

Ce panic est cultivé chez nous dans l'Ardenne, et il a été essayé en France vers 1815. Comme ce fourrage à tiges nombreuses, feuillées et qui atteignent un mètre de hauteur, se plaît dans les terrains secs et calcaires, et qu'il persiste dans un état de verdeur malgré les plus grandes sécheresses, il est à désirer que sa culture se généralise. On le sème pour graine en mai ; pour fourrage vert, les semis peuvent être prolongés jusqu'au commencement de juillet. Sujette à la carie, il est bon de chauler la graine avec une solution de sulfate de soude, sel à bien bon marché.

Panic d'Italie. *Panicum italicum,* L. *Setaria,* BEAUV. et le **Millet commun.** *Panicum miliaceum,* L.

Ces plantes se cultivent dans le Condroz et dans l'Ardenne, dans les terres bonnes, quoique légères et bien fumées. En vert, fournissent un bon fourrage. Les graines servent à la nourriture de la volaille ou cuites en bouillie.

POLYGONÉES.

L'on place auprès des Céréales les semences des Polygonées qui sont farineuses et nourrissantes : en première ligne vient le BLÉ SARRAZIN. *Polygonum fagopyrum,* L., vulgairement BLÉ NOIR. originaire de l'Asie, et trop connu dans notre pays pour que je m'y arrête. Comme il est la ressource des pays pauvres, et qu'il aime les terrains maigres, sablonneux et froids ; qu'en outre son grain est très abondant, qu'il sert à la nourriture de l'homme et de la volaille ; que ses fleurs fournissent une abondante pâture aux abeilles, il est à désirer que la culture en soit plus généralement répandue dans certains cantons ; car, mêlée avec un tiers de farine de froment, elle forme une nourriture très saine. Son seul défaut est de craindre l'humidité et les gelées tardives, ce qui fait qu'on la sème tard en saison. On doit donc, dans les localités basses, cultiver le *Polygonum tataricum,* L., originaire de Tatarie. comme son nom l'indique, et sur lequel nous appelons ici sérieusement l'attention des cultivateurs. car cette plante, peu ou point connue chez nous, peut leur offrir de précieuses ressources. Apportée de la Sibérie en 1759 par Gmelin qui la figure dans sa *Flora sibirica,* elle a toutes les propriétés du sarrazin. quoique sa graine soit un peu inférieure en qualité, mais en revanche beaucoup plus grosse et plus abondante ; la plante est plus forte, plus rustique et moins sensible au froid, ce qui fait qu'elle peut être semée plus tôt et plus tard que le blé noir commun, et en outre elle exige moins de semence.

Le *Polygonum erectum, W.*, de l'Amérique du Nord, peut remplacer le précédent, surtout dans les parties élevées du Condroz et de la Hesbaye. C'est encore une plante à cultiver avec beaucoup d'avantage dans ces localités.

Je m'arrêterai un instant sur le *Polygonum cymosum*, Sprengel, *Syst. végét.*, originaire des montagnes de la Calabre, d'où il a été apporté en 1827, comme plante fourragère. On le connaît en France sous le nom de SARRAZIN VIVACE. Il a des panicules de fleurs qui se succèdent sans interruption pendant plusieurs mois, coulant presque entièrement, de manière que peu de graines nouent, et qu'elles tombent au moindre mouvement des tiges ; mais ses tiges sont si vigoureuses et en si grand nombre, qu'aucune plante vivace ne fournit, dans le cours de la saison, une végétation aussi abondante : elle se plaît dans les terrains sablonneux, légers et profonds, comme ceux de la Campine, et ses tiges, coupées jeunes, et ses feuilles, plus grandes que celles du sarrazin commun, étant une bonne nourriture pour le bétail, c'est ici le lieu de le recommander comme étant un fourrage vert hâtif et productif, et dont il serait à désirer que la culture fût tentée, surtout comme ressource précieuse pour la Campine. Il n'exige aucun soin : les terres argileuses et humides ne lui conviennent pas.

Patience, Oseille-Épinard. *Rumex patientia,* L.

Cette plante vient dans tous nos pâturages, et est connue pour les vertus médicinales de ses racines. Les gens de la campagne, dans plusieurs parties de la France, mangent ses feuilles, connues sous le nom d'épinards immortels, et Miller dit qu'on la cultivait autrefois en Angleterre. Sa saveur est plus douce que l'oseille, et elle est excessivement précoce, étant bonne à cueillir longtemps avant les plus hâtives, produisant une des premières verdures après l'hiver : elle est donc un des légumes et un des fourrages verts les moins à dédaigner. On ne doit la cultiver que dans de grands terrains, parce qu'elle est très robuste, et ne pas la laisser monter en graine, parce qu'elle multiplierait trop, ce qui se fait mieux en éclatant ses pieds.

M. Moritzi, professeur de botanique à Soleure, préconise la culture de l'oseille des neiges, *Rumex nivalis,* comme végétant sous la neige et ayant ainsi le mérite d'une grande précocité.

ATRIPLICÉES.

Arroche des jardins. *Atriplex hortensis*, L.

Plante annuelle, originaire de la Tatarie, et se propageant d'elle-même sur les bords de nos potagers. On la cultive en France pour la manger avec l'oseille dont elle corrige l'acidité. Tout terrain lui convient. On la néglige chez nous.

Betterave. *Beta vulgaris*, L.

Qui ne connaît chez nous cette plante et la manière de la cultiver? Mais ce qu'on ne sait pas généralement, c'est qu'elle n'est qu'une variété de la Bette maritime qui croît au bord de la mer dans le midi de l'Europe. Ceux qui voudront connaître à fond ce végétal pourront consulter un excellent mémoire de Chaptal, dans le 63e volume des *Annales d'Agriculture*. La Betterave blanche, dite de Prusse ou de Silésie, est originaire de la Sicile; c'est la *Beta Cycla,* L. par contraction de *Sicula* (*appellantque siculam, candoris sane discrimine præferentes,* PLIN., lib. XIX, chap. XL). Elle contient le plus de matière sucrée.

On distingue dans la betterave deux familles provenant de la même souche. La première comprend les bettes ou poirées proprement dites; la seconde renferme les bettes raves. La couleur des feuilles détermine les variétés de la bette blanche, blonde et rouge. Dans le midi de l'Europe on mange les côtes des feuilles de la blonde sous le nom de *cardes*, ce qui devrait nous engager à la cultiver : les feuilles de la bette blanche et rouge peuvent aussi être destinées à l'usage culinaire : elles fournissent à la vérité un aliment fade, moins propre à être mangé seul qu'à corriger l'acidité de l'oseille.

Quinoa. *Chenopodium quinoa*, W.

Espèce d'ansérine mentionnée par Feuillée, et très cultivée dans le Pérou et le Chili, à cause de ses graines assez grosses, remplies d'un périsperme farineux très nourrissant, substitué dans ces pays au riz et à d'autres céréales, et que les habitants donnent aussi aux oiseaux de leurs basses-cours. Par sa feuille, il fournit un bon légume vert analogue à l'épinard. Il en existe des variétés à graine blanche, noire et rouge, à feuille verte et colorée. La blanche seule est considérée comme alimentaire, les deux autres comme médicinales. Les essais de culture de cette plante faits en France ont donné en bon terrain une abondance de graines extraordinaire, mais la saveur amère et âcre qu'on ne peut pas leur enlever les a fait rejeter comme nourriture pour l'homme.

Elle est insensible au froid, venant des plateaux élevés de la Cordillière.

SOLANÉES.

Morelle. *Solanum nigrum*, L.

Cette plante annuelle qui croît comme mauvaise herbe dans tous nos potagers, et qu'on regarde ordinairement comme narcotique, n'est cependant aucunement malfaisante, et elle est avidement recherchée et mangée en guise d'épinards par tous les créoles qui viennent en France des îles Maurice et Bourbon. Nous pouvons donc les manger aussi sans aucun inconvénient, d'autant plus que Théophraste, Dioscoride et autres écrivains de l'antiquité en parlent comme d'un légume dont on faisait communément usage. Pour la manger sans inconvénient, il faut la cucillir au printemps et avant qu'elle soit en fleurs.

Pomme de terre. *Solanum tuberosum*, L.

Parmi les variétés les plus précoces nous citerons la *naine hâtive*, la *Kidney*, la *Shaw*, la *truffe d'août*, la *fine hâtive*. Parmi les variétés tardives, l'*Yam* d'Écosse et la *tardive irlandaise*, si commune sur les marchés de Londres et récoltée en novembre, à pellicule noir-violette.

CAMPANULACÉES.

Raiponce. *Campanula rapunculus,* L.

Cette plante vivace, qui croît sur les coteaux incultes de nos environs, est entièrement négligée chez nous comme plante potagère. Cependant elle a des racines tendres, blanches, fusiformes, charnues, que l'on mange en salade, ainsi que les jeunes feuilles au printemps avant la pousse des tiges, c'est-à-dire en février, mars et avril. Comme c'est une ressource dans la saison où les légumes sont les moins abondants, nous engageons à la cultiver : sa graine étant extrêmement fine, on la mélange avec quinze ou vingt fois son volume de sable, et on sème fin juin et en juillet, parmi l'ognon, la salade, etc. Bassiner souvent.

SEMI FLOSCULEUSES.

Chicorée sauvage. *Cichorium intybus,* L.

Vivace, commune le long des chemins. Malgré son amertume, les jardiniers savent en tirer parti en faisant étioler ses feuilles (blanchir), et c'est ce qu'on nomme *Barbe de capucin,* ou salade d'hiver, dont elle forme une précieuse ressource. Sa culture est trop connue pour que je m'en occupe. Elle est aussi un fourrage très productif, précoce, résistant bien à la sécheresse, et très cultivé dans les environs de Bruxelles pour les vaches laitières : nous conseillons cependant de la mêler avec moitié trèfle rouge, ce qu'on ne fait pas jusqu'ici. On fait aussi de ses racines la chicorée-café, surtout dans la province et aux environs de Namur. Les racines les plus douces peuvent être données aux porcs qui en sont très friands. Parmi ses différentes variétés, on en a obtenu récemment une *pommée,* se blanchissant en masse et donnant un produit plus abondant et plus tendre, que nous engageons nos cultivateurs à se procurer, attendu qu'elle sera d'une utilité précieuse dans la grande culture, étant à large feuille. Plantée en avril et mai, comme la chicorée sauvage, on la coupe, au commencement de novembre, à trois centimètres du collet ; on relève les plantes pour les disposer par rangs sur de nouvelles planches ; elles ne tardent pas à pousser vigoureusement. Lorsqu'on veut faire blanchir, on étend un lit de paille sur la planche, on la recouvre de terre prise dans les sentiers. Au bout de huit jours on obtient de la chicorée sauvage excellente qui peut remplacer l'escarole et la barbe de capucin. En opérant par portions à la fois, on en jouit tout l'hiver.

Chicorée blanche ou frisée, Endive. *Cichorium endivia*, L.

Originaire des Indes orientales, d'où elle a été apportée au milieu du XVIe siècle, elle doit nous servir d'exemple pour prouver le parti que l'on peut tirer par la culture d'une plante exotique que l'on avait d'abord négligée, comme nous en négligeons tant d'autres de nos jours récemment introduites. Elle diffère de la précédente en ce qu'elle est annuelle, et elle a deux variétés principales : 1° l'endive frisée (a. *crispa*) ; 2° la scarole (b. *latifolia*). Leur culture est fort connue. On préfère la vieille graine, parce qu'elle est moins sujette à monter.

Laitue. *Lactuca sativa*, L.

Cette plante potagère, que quelques botanistes croient provenir du *Lactuca quercina*, L., et dont la culture remonte à une haute antiquité, est si généralement connue que je me dispenserai d'en parler ici, non plus que des 150 variétés qu'elle a, dit-on, produites. Je citerai comme inconnue chez nous la laitue-épinard ou laitue-chicorée, cultivée aux environs du Mans depuis 1683. Cette plante bisannuelle, que Décandolle considère comme une espèce, *Lactuca palmata*, variété *laciniata*, Roth, a l'avantage de pouvoir être coupée plusieurs fois, en reproduisant de nouvelles feuilles après cette opération. Il y en a une variété dite laitue-chicorée anglaise, blonde et très ondulée, et non crépue. Les laitues, craignant le froid qui les rend âcres et peu mangeables, je mentionnerai une nouvelle variété dite à feuilles d'artichaut ou de Dombasle, qui forme une touffe volumineuse devenant fort tendre, étant liée, et parce qu'elle se conserve fort tard en automne : on peut même les garder encore un mois en cave quand commencent les premières gelées.

Laitue vivace. *Lactuca perennis*, L.

N'a point encore été cultivée dans les jardins; mais comme on en fait, en Allemagne et en France, dans certaines localités, un usage habituel, on peut la regarder comme un bon légume. Elle se trouve parmi les moissons, dans les champs secs et pierreux, surtout calcaires, parmi les avoines; et les pousses blanches et tendres du printemps qui ont été enterrées profondément par la charrue se récoltent dans les contrées ci-dessus; on doit donc imiter ce procédé, ou la faire pousser en cave. A Montargis, à Bourges, on en mange beaucoup, et elle se vend sur les marchés. Même parvenue à toute sa croissance, les paysans la mangent dans la soupe au salé, en guise de choux. On sème clair et on replante comme pour la chicorée sauvage. C'est donc une plante à essayer chez nous, et qui forme une des belles espèces dans le genre Laitue.

Picridie cultivée, Terre crèpe. *Picridium vulgare,* Desf. *Sonchus picroides,* All. *Scorzonera picroides,* L.

Cette plante, originaire de l'Algérie, est la *terra crepola* des Italiens et le *Crepis* des anciens. Elle est annuelle et se coupe en petite salade verte comme la chicorée; elle repousse et peut être coupée deux ou trois fois. On la sème en rayons depuis mars jusqu'en automne. Cette salade, fort estimée en Italie, est douce, avec un petit goût de gigot de mouton : Tournefort en avait mangé dans l'île de Mycone et croyait qu'on avait frotté le plat avec de l'ail. Arroser souvent et à essayer chez nous, puisque je l'ai vu cultiver en grand à Amiens.

Pissenlit. *Leontodon taraxacum,* L. *Taraxacum dens Leonis,* Lk.

Cette plante, si bien connue par l'élégance et la légèreté de ses aigrettes, est répandue partout dans nos prairies. On va à la fin de l'hiver en recueillir le cœur bien rempli et à demi blanchi pour le manger en salade; on en fait, à Bruxelles, le fameux *meydrank,* tisane amère. diurétique, apéritive. Cependant, on peut l'obtenir beaucoup meilleur et plus développé en le cultivant, et en faire un excellent légume d'hiver. J'appelle encore, sur ce fait, l'attention de nos cultivateurs. Un amateur distingué de Châlons-sur-Marne, M. Ponsard, qui s'occupe de la possibilité d'obtenir de nouveaux légumes à l'aide de plantes sauvages, a fait insérer dans le *Journal d'Agriculture* (novembre 1839) une note dans laquelle il dit qu'ayant semé le pissenlit au printemps et pendant l'été, en choisissant des porte-graines qui avaient le cœur bien fourni, il les a recouverts, au mois d'octobre, de six pouces de sable gras. A quinze jours de là, dit-il, j'ai commencé à obtenir des pissenlits perçant à travers la couche de sable. J'ai fait recueillir pour les besoins l'extrémité de la planche, en rejetant devant soi le sable qui augmentait d'épaisseur chaque jour par ce fait, et j'ai eu ainsi une récolte successive d'une plante fort bonne et remplaçant admirablement la chicorée ordinaire. Il est probable que le pissenlit, semé en place et replanté, s'améliorera.

FLOSCULEUSES.

Artichaut. *Cynara scolymus*, L.

Plante vivace, originaire de l'Algérie, importée dans le midi de l'Europe, vers le milieu du XVIe siècle, elle n'a pas tardé à produire un grand nombre de variétés, dont l'existence et la conservation ne sont dues qu'à la culture et même au climat. N'est guère cultivé chez nous que dans les jardins d'amateurs, parce qu'elle craint les hivers trop rigoureux. On en a cependant conservé des carrés entiers sous notre latitude, en plantant les pieds arrachés dans du sable et dans une cave bien saine : replantés après l'hiver, leur fructification a devancé d'un mois la saison ordinaire.

Cardon. *Cynara cardunculus,* L.

Plante bisannuelle, apportée de l'île de Candie en 1658, commune aujourd'hui dans l'Algérie et le midi de l'Europe. Doit être conduit comme les artichauts ; rarement cultivé chez nous.

RADIÉES.

Topinambour. *Helianthus tuberosus,* L. (Poire de terre.)

Sa racine est vivace et composée de plusieurs tubérosités charnues, oblongues, assez grosses, rougeâtres en dehors, blanches en dedans, ressemblant à la pomme de terre, mais ayant une saveur douceâtre et fade qui ne plaît pas comme celle des pommes de terre qui sont d'ailleurs plus nourrissantes et beaucoup plus saines. Le topinambour, apporté du Brésil en 1617, et que les Anglais nomment, je ne sais pas pourquoi, *Jerusalem artichoke,* peut-être à cause de son goût, est une plante très élevée, qui trace considérablement, au point d'infecter tout un jardin en peu d'années, et dont je ne conseille par conséquent pas la culture, ses tubercules n'étant tout au plus bons que pour le bétail. Les feuilles sont rudes et dentelées, et les animaux n'en veulent pas.

VALERIANÉES.

Mâche, Salade verte. *Valerianella olitoria,* Mænch.

Plante annuelle, indigène, fort connue, et qu'on sème tous les dix jours. On la confond souvent avec plusieurs autres espèces et variétés. Celle dite *mâche ronde* est beaucoup plus étoffée et meilleure que la commune. L'espèce MACHE D'ITALIE, VELUE ou de HOLLANDE croît naturellement dans les moissons du côté de Poitiers, d'Orléans, a des feuilles plus larges, un peu blondes et est encore plus estimée, ce qui devrait engager à la cultiver. C'est la *Valerianella eriocarpa* de Desvaux et Lois. Deslonschamps.

Valerianelle corne d'abondance. *Valerianella cornu copiæ,* Lois.

Elle croît naturellement en Provence et dans le

midi de l'Europe. On l'a cultivée récemment dans le Nord, sous le nom de *Valériane d'Alger,* pour manger ses pousses en guise de salade comme celles de la mâche. Semer depuis le printemps jusqu'en juillet.

OMBELLIFÈRES.

Carotte. *Daucus carota,* L.

Plante bisannuelle, indigène, généralement connue et abondamment cultivée chez nous. Je ferai remarquer seulement que différents horticulteurs, en France, s'occupent d'en procréer de nouvelles variétés au moyen du semis tardif et du choix successif des individus, d'après la méthode du professeur Van Mons. Les espèces sur lesquelles on expérimente sont : *Daucus alatus,* Poiret. *D. grandiflorus,* Desf. *D. maximus, parviflorus, aureus, crinitus, glaberrimus, setifolius, muricatus,* toutes originaires de l'Algérie et décrites dans la *Flora atlantica* de Desfontaines.

Céléri cultivé. *Apium graveolens,* L.

Plante indigène, croissant abondamment sur les bords de l'Escaut, bisannuelle, et connue sous le nom d'*ache, persil odorant.* De cette espèce sauvage sont provenues deux variétés remarquables qui diffèrent de la première par leur saveur agréablement piquante et aromatique, et qui sont cultivées pour les usages culinaires. L'une porte particulièrement le nom de *céléri*, et se fait remarquer par la grandeur et la force de toutes ses parties ; l'autre se distingue à la grosseur de sa racine, qui égale presque celle d'un navet, ce qui l'a fait appeler *céléri-rave*. La culture du *céléri* se fait en perfection chez nous, principalement dans les contrées flamandes. Je regrette seulement que celle du *céléri-rave* soit presqu'inconnue en Belgique, d'autant plus que c'est un excellent légume, dont la racine bien venue est tendre, moelleuse et d'une saveur beaucoup plus douce que celle des céléris à côtes. Pour l'obtenir telle, on choisit une terre profonde, fraîche et meuble, à laquelle on fait un rebord, en Allemagne, pour y retenir l'eau des arrosements que l'on donne assez copieux pour qu'elle forme nappe ; ou bien on creuse des fossés à l'entour, que l'on remplit d'eau, surtout dans les grandes sécheresses. Le semis se fait comme pour le céléri ordinaire, et on replante à 18 pouces, après avoir retranché les grandes feuilles et les racines latérales, sur plate-bande abritée.

Les Allemands continuent à retrancher à chaque binage les racines fibreuses et le chevelu qui croissent autour de la souche principale. On en rentre une partie avant l'hiver pour les mettre en cave dans du sable et on en laisse une partie dehors, que l'on préserve comme le céléri ordinaire. Je suis entré dans ces détails, parce que voici encore un très bon légume qui est totalement négligé chez nous. Il y a une sous-variété, nommée *céléri-rave rouge*.

Chervis, Berle cheroris. *Sium sisarum*, L.

Cette plante vivace a des racines composées de plusieurs tnbérosités oblongues, ridées, réunies en faisceau, d'une saveur douce, d'un goût agréable, sucrées et qui se mangent comme les scorsonères : on les sert frites ou cuites au lait ou dans le bouillon. On les multiplie par pieds éclatés, mais les racines d'un semis de l'année sont plus tendres et meilleures. Semer au printemps ou en septembre, en terre douce, fraîche et profonde, sarcler, arroser fréquemment : récolte en novembre et tout l'hiver.

Il est généralement admis, on ne sait trop pourquoi, que cette plante est originaire de la Chine. Si cette opinion, que nous n'adoptons pas, était vraie, le chervis aurait pénétré de bonne heure par la Tatarie jusqu'aux limites de l'Europe, puisqu'au rapport de Pline (lib. xix, c. 28) Tibère mit en réputation le chervis, et en exigeait chaque année des Germains un tribut, le plus beau se trouvant à Gelduba, forteresse sur le Rhin, aujourd'hui Gelb, cercle de Crevelt, à 4 l. 3/4 N.-O. de Dusseldorf, rive gauche du Rhin, à l'endroit où Drusus fit construire un pont. On l'aura confondu avec le *Sium ninsi*, L., qui fut apporté de la Chine en 1548.

Quoi qu'il en soit, elle mériterait d'être cultivée chez nous. Margraaf en a retiré du sucre aussi pur que celui du commerce. Cultivée dans les environs de Metz. (Hollandre, *Fl. de la Moselle*.)

Panais, Chervis. *Pastinaca sativa*, L.

Cette plante indigène, bisannuelle, est trop connue ainsi que sa culture, pour que je m'y arrête. Avant l'introduction de la pomme de terre dans notre pays, elle faisait la base de la nourriture des gens de la campagne, en potage, avec la viande de porc. Les bestiaux l'aiment beaucoup aussi, et comme elle offre l'avantage de ne souffrir aucunement des gelées, et qu'elle peut n'être arrachée qu'au fur et à mesure des besoins, nous conseillons de la cultiver sur la plus grande échelle possible. On peut d'ailleurs la retirer de terre en automne, si on destine la place qu'elle occupe à la culture du froment : elle se conservera bien à la cave. Les feuilles coupées dès juillet se donnent aux vaches et aux moutons qui peuvent aussi paître dans le champ en septembre et octobre. Dans les terres qui ont peu de fond on peut cultiver la variété en forme de toupie, dite *panais rond*, qui est plus hâtive. Remarquons que déjà Pline distinguait du panais cultivé, le PANAIS SAUvage *Pastinaca sylvestris*, L., nommé par les Grecs *Staphylinos*. *Ex iis pastinacæ unum genus agreste spontè provenit : Staphylinos græce dicitur.* (PLINE, lib. XIX, ch. 27). Négligé par nous, M. Ponsard, dont j'ai rapporté les essais faits sur le pissenlit, en a fait aussi sur le panais sauvage, plante dont le froid n'arrête pas la végétation. Comme je tiens à engager nos cultivateurs à s'occuper spécialement des plantes potagères d'hiver, je dirai qu'il l'a semée en août, et que de mars en mai suivant, M. Ponsard en a obtenu un légume fort bon, qui, accommodé de toutes manières, a été préféré par tout son monde au panais cultivé des jardiniers.

Persil. *Apium petroselinum,* L.

Plante bisannuelle, qui passe pour être originaire de Sardaigne. Il y a différentes variétés : 1° *le persil commun*, 2° *le persil frisé*, 3° *le persil panaché*, 4° *le persil à larges feuilles*, 5° *le persil à grosses racines*, A. P. *tuberosum*, 6° *le persil de Naples* ou *persil céléri*, dont on mange les côtes comme celles du céléri. Le persil met près de quarante jours à lever. Pour en avoir en hiver, on le sème en juillet. ou bien en petit on se sert d'un instrument qui se trouve chez nos potiers et qu'ils nomment une *persilloire*. C'est un tube en terre cuite d'environ un mètre de hauteur, et dont le fond est beaucoup plus large que le dessus : il est percé, de distance en dis-

tance, de rangées de trous espacés régulièrement, et
on le remplit de bonne terre que l'on maintient humide constamment. A l'entrée de l'hiver on met dans
chaque trou une racine de persil, et on place le pot
dans la cuisine près d'une fenêtre. De cette manière
chaque ménage peut se procurer du persil en hiver,
attendu que cette petite fourniture est toujours fort
chère dans les grandes villes, c'est-à-dire se payant
5 et 4 francs le demi-kilogramme, et qu'on l'a vu
s'élever au prix énorme de 15 fr.; ce serait alors une
spéculation commerciale assez importante d'en avoir
en hiver.

CRUCIFÈRES.

Chou potager. *Brassica oleracea*, L.

Connu de tout le monde, cultivé de temps immémorial, attendu qu'il fut pendant 600 ans le seul
remède dont les anciens Romains fissent usage, selon
Caton le censeur et Pline le naturaliste, il a produit
un si grand nombre de variétés, qu'il est aujourd'hui
fort difficile de reconnaître, au milieu d'elles, le type
principal. Duchesne, de Versailles, dans un très bon
travail qu'il a fait sur cette matière, les divise en six
races principales : 1, le CHOU-COLZA, qu'il regarde
comme le type de tous les autres; 2, les CHOUX
VERTS, qui s'élèvent le plus et ne pomment jamais;
5, les CHOUX-CABUS ou POMMÉS à feuilles lisses, ordi-

nairement glauques, formant une masse plus ou moins solide; 4, les CHOUX-FLEURS, masse charnue de fleurs; 5, les CHOUX-RAVES, dont la partie inférieure de la tige, que le vulgaire considère comme une racine aussi bien que celle de la betterave, présente un renflement oval contenant une pulpe tendre, et 6, les CHOUX-NAVETS à racine charnue comme dans les navets.

Je ne veux pas entrer dans des détails sur la culture de ces différentes races; je me bornerai à appeler l'attention des cultivateurs sur un excellent moyen, peu connu, de conserver les choux pommés, dits *rouges,* en hiver; il faut pour cela les arracher de terre, en novembre, avec leurs tiges et leurs racines, et les suspendre au moyen d'une ficelle attachée à ces dernières, dans un endroit sec et où il ne gèle pas. Jusqu'ici on les replantait dans un cellier ou dans une cave non humide, ou bien on les mettait au jardin dans des fosses de deux pieds de profondeur et couvertes de paille ou paillassons.

Je dois mentionner cependant le CHOU-RAVE, variété curieuse et peu connue dans notre pays, qui est le *Brassica oleracea gongyloïdes,* L. Lobel (*Stirp. advers.,* pag. 92) en parle comme d'une plante nouvelle, venue de la Grèce et cultivée de son temps en Italie, où il eut occasion de l'admirer à Florence, à Padoue et autres lieux de cette contrée. (*Superest mirificæ illa naturæ lusus recentioribus Caulorapum vocata.*)

On distingue :

Le CHOU-RAVE DE SIAM, qui est un bon légume à moitié grosseur et quand on l'a beaucoup arrosé. Il y en a trois variétés, le *blanc*, le *violet*, le *nain hâtif*. Semer en mai et juin, et le nain jusqu'en juillet. Ils résistent à des gelées assez fortes ; dans les lieux où l'hiver est rigoureux, on les dépouille de leurs feuilles, et on les conserve comme les autres racines. Ces feuilles peuvent servir à la nourriture des bestiaux, et la tubérosité a une chair tendre. *Turnep Cabbage* Angl.

Le CHOU-RAVE *à feuilles découpées*, var. *B! crispa*. D. C. Véritable plante d'ornement à feuilles élégamment découpées, mais dont la boule, quoique plus petite, est aussi bonne que celle du précédent. Ces deux variétés cultivées en grand dans le Limousin et l'Auvergne.

Notons aussi les CHOUX-NAVETS, *Brassica oleracea napo-brassica*, D. C., qui ont quatre variétés : l'ORDINAIRE (*communis*, D. C.), à COLLET ROUGE (*purpurascens*, D. C.), le BLANC (*alba*, D. C.), qu'on peut tous cultiver en semant clair de mi-mai à fin de juin, sans transplantation, et le RUTABAGA, dit NAVET DE SUÈDE (var. B. *Rutabaga*, D. C.), originaire de la Laponie, à racine arrondie, jaunâtre, plus prompte à se faire et méritant la préférence comme légume, et parce qu'il croît dans les terrains médiocrement fertiles, qu'il ne craint pas les gelées les plus rigoureuses, et qu'il peut fournir pendant tout l'au-

tomne et une partie de l'hiver, une grande quantité
de feuilles pour la nourriture des bestiaux : quand au
premier printemps on manque encore de fourrages
verts, ces mêmes bestiaux trouvent dans les racines du
Rutabaga un aliment très succulent et très sain. Se
cultive, comme les variétés les moins délicates, en
le semant en pépinière, en septembre au levant, en
mars au midi. Les plants du premier semis se re-
piquent à dix-huit pouces ou deux pieds l'un de
l'autre, à la fin de mai ou en juin, et ceux du second
en juillet ou en août.

Chou chinois ou **Pe-tsai.** *Brassica chinensis,* Lɪɴ.

Le Pe-tsai est intermédiaire entre le chou et le
navet. Introduit en Europe en 1770, et déjà men-
tionné dans le *Recueil des petits voyages,* on ne le
cultivait que dans quelques jardins botaniques.
Linné l'indique comme bisannuel, mais chez nous
il est annuel. Il a de nouveau été introduit par les
pères des Missions étrangères, qui en ont fait de
belles plantations dans leur jardin en 1857, et ce
légume a excité un grand intérêt, parce qu'il passe
pour le meilleur et le plus cultivé de la Chine, dont
les habitants en font une grande consommation. Ils
le conservent dans du sel pour le faire cuire avec le
riz dont il relève le goût naturellement insipide. Il
croît dans les provinces septentrionales de ce vaste
empire, où les premiers frimas servent à le rendre

plus tendre, comme cela a lieu pour nos jets de
chou. Voilà bien des raisons pour engager nos
cultivateurs à s'en occuper enfin. La plante a l'aspect
d'une large romaine évasée; et si on la sème trop
tard en été, elle monte en graine au lieu de pommer.
D'après le père Tesson, il y en a au nord de Pékin,
par 55° lat. N., qui pèsent jusqu'à quinze et vingt
livres; ici elle n'acquiert que le volume d'une laitue
romaine, ce qui est cause que quelques cultivateurs,
trop vites à se prononcer, la regardent comme une
plante qui ne vaut pas la peine qu'on s'en occupe et
bonne à ne trouver place que dans les terrains perdus. Il en a été de même, hélas! pendant longtemps,
de la pomme de terre; croyons cependant que les
Chinois, peuple très intelligent, n'en feraient pas, en
ce cas, la base de leur nourriture. Nous devons
donc chercher à améliorer l'espèce en la forçant à
pommer aussi chez nous au lieu de monter, et déjà,
en 1839, il en a été ainsi au jardin du Roi à Paris.
Dans les contrées plus chaudes de la Chine, il ne
pomme pas non plus, et cependant on le cultive,
parce qu'il fournit un légume sain, agréable et d'une
digestion plus facile que les choux. Il vaut mieux le
semer en été et en automne qu'au printemps, et pour
le faire pommer il vaut mieux le transplanter par un
temps pluvieux et couvert, ou le couvrir à l'abri du
soleil et l'arroser beaucoup, car il aime l'eau. On le
plante, du reste, comme les salades et on peut aussi
le semer et le traiter comme les navets, et l'éclaircir

et l'arroser souvent. Il supporte bien 3 à 4 degrés de froid ; cependant il est prudent de le couvrir ou de le rentrer en le suspendant comme les choux rouges, ou le mettant dans des silos.

Pak-Choï.

Autre chou chinois, rapporté en 1839, paraît être une variété du précédent. Beau et bon légume, disposé à monter, mais que la culture forcera probablement à pommer.

Chou marin. *Crambe maritima, L.*

Plante voisine des choux de la famille des Crucifères, originaire des parties méridionales de l'Europe, où elle croît dans les sables des bords de la mer. Elle est vivace et fleurit en mai et juin. C'est un excellent légume, très cultivé en Angleterre, et l'on mange ses feuilles après les avoir fait blanchir en les buttant comme pour le céléri. Naturellement dures et coriaces, elles deviennent tendres par ce procédé. Cette plante mériterait d'être également cultivée chez nous, car la racine vivace reproduit, chaque année, des feuilles et des tiges nouvelles. Elle demande une terre saine et profonde, et le semis se fait, en pépinière, en mars, avril et jusqu'en mai, en arrosant bien le jeune plant, s'il ne pleut pas. On en sépare aussi des tronçons ou boutures en février, et on les met en place au commencement de mai, en leur choisissant un sol très sablonneux, bien fumé, et en les plantant à dix-huit pouces de distance en échiquier. Notez que les tronçons ont été conservés, de février en mai, en pots sous châssis. C'est aussi en février qu'on butte les anciens pieds conservés en pleine terre, afin d'en faire blanchir les jeunes pousses comme les asperges, et c'est alors un légume précieux pour la saison, que je m'étonne toujours de ne pas voir cultiver en grand chez nous. Pour le buttage les Anglais se servent de gros gravier ou de cendre de charbon de terre, formant au dessus de chaque plante une butte en forme de taupinière. On peut aussi en avoir tout l'hiver en le forçant sous châssis comme on fait pour les asperges. On le mange bouilli et assaisonné au beurre ou à la sauce blanche comme les choux-fleurs.

NAVET. *Brassica napus*, L.

Il a deux variétés principales : la navette, *Brassica asperifolia sylvestris*, Lam., Dict. Enc., dont on retire une huile employée aux mêmes usages que celle du colza, et le navet, *Brassica asperifolia radice dulci*. Lam. Ibid. Cultivé de temps immémorial, bisannuel et indigène. Ses variétés sont connues ; on sait que les petits navets venus dans les terres sablonneuses et légères sont les meilleurs. Si je m'y arrête un moment, c'est pour conseiller un procédé généralement employé dans le Nord et inconnu dans notre pays, au moyen duquel les navets peuvent offrir une ressource alimentaire précieuse à tout le monde vers la fin de l'hiver. Il suffit de les couper en fragments longs et étroits, de les saler convenablement, et de les conserver dans de grands pots ou des tonneaux en les surchargeant de pierres, absolument comme pour la chou-croute. Ils subissent un commencement de fermentation acide de la part de leur suc doux et sucré, et deviennent ainsi moins venteux. Leurs pousses vertes connues à Bruxelles sous le nom de *raepkens* et par corruption *reubekens,* sont un bon légume d'hiver, bouillies et mangées avec la viande, ou assaisonnées au beurre : on en fait beaucoup d'usage en Angleterre sous le nom de *turnip tops,* et nous ferions bien d'imiter sur ce point comme sur bien d'autres les Anglais. A cet effet, on sème depuis moitié d'août jusqu'au commencement de septembre de la graine vieille de navets, surtout de la variété *jaune d'Écosse,* propagée depuis peu en Écosse et en Angleterre, à raison de la qualité qu'on lui a trouvée de résister mieux aux gelées que les autres navets; on sème, dis-je, sur une terre légère, fraîchement remuée, claire et autant que possible par un temps pluvieux et couvert. Au commencement de décembre, on les rentre en cave et on les met dans du sable, et ils ne tardent pas à donner des pousses blanches, tendres et douces qui offrent en hiver une excellente ressource, extrêmement facile à se procurer, et qui a l'avantage que tout le monde peut en jouir, et qu'elle ne coûte que la peine de les cueillir, les navets qui ont fourni ces produits n'étant pas perdus pour cela. Ces jets de navets ont besoin d'être blanchis à une première eau bouillante, avant leur cuisson, pour leur ôter un peu d'amertume qu'ils ont naturellement. On mange de même les pousses du colza et de la navette.

Je suis entré dans quelques détails sur le mode de conservation des navets en guise de chou-croute que nous devons à l'Allemagne, et sur l'usage des pousses blanchies en hiver dont nous sommes redevables à l'Écosse, parce que, en cas de disette de pommes de terre comme celle de cette année, ils peuvent être extrêmement avantageux, même aux plus pauvres paysans, en raison du peu de soins que ces pratiques exigent, la plante elle-même se cultivant abondamment dans notre pays.

OXALIDÉES.

Oxalis crénelée. *Oxalis crenata.*

Cette plante tubéreuse alimentaire est originaire du Pérou, comme la pomme de terre, et elle a été introduite en Angleterre en 1829.

Deux agronomes français, M. le colonel Guesnet et M. De la Pâquerie l'ont cultivée en grand en Bretagne, et le premier dit en avoir obtenu 5 à 700 pour un, le second jusqu'à 1,800 pour un, par le procédé du marcottage continu. Elle produit des tubercules de couleur jaune qui atteignent rarement le volume d'un œuf, contenant jusqu'à 12 pour cent de fécule, et fournissent un aliment sain, assez agréable, surtout si on les a mis macérer au préalable dans de l'eau chaude pour leur ôter un goût légèrement acide. Les feuilles remplacent l'oseille commune.

La culture est facile. Dans une terre douce et légère, comme celles du pays de Waes, de la Campine et des hauteurs environnant Bruxelles, on plante à la distance de 3 pieds et demi un seul rang de tubercules qu'on a fait germer sur couche en mars comme pour les pois, ou qu'on plante de suite à demeure vers la mi-avril. De chaque côté on laisse libre une distance de deux pieds, et on commence à marcotter les jets quand ils ont quatre pouces de longueur, en les écartant et en les rechargeant de terre régulièrement et modérément jusqu'en septembre, époque où les tubercules commencent à se former. On les arrache quand les tiges ont été détruites par la gelée. Tel est le procédé de M. Guesnet. M. Redouté attend la gelée pour couper les fanes ; alors ils couvre les touffes de feuilles sèches, et les tubercules non seulement s'y conservent, mais acquièrent un développement plus considérable. Arrachés, ils se gardent très bien pendant l'hiver dans du sable sec. Il serait à désirer que par le semis on parvînt à accroître le volume de ces tubercules qui alors pourraient offrir une ressource précieuse.

Oxalis de Depp. *Depp's Oxalis* des Anglais. *Oxalis Deppii.*

Cette espèce a été apportée du Mexique en 1827, et a été essayée comme plante potagère en Angleterre, à cause de ses racines même, qui, sans produire de tubercules, sont charnues et ressemblent à de petits navets. Cuites à l'eau, elles sont tendres et mangeables, mais un peu fades. On la multiplie au printemps des petits tubercules qui viennent au-dessus et autour du collet de ses racines charnues. C'est une plante à essayer et à améliorer.

FICOIDÉES.

Tétragonie étalée. *Tetragonia expansa*, Ait.

Cette plante de la Nouvelle-Zélande et du Japon, reconnue par le capitaine Cook pour un bon légume et un excellent antiscorbutique, a été introduite en Europe par sir J. Banks, en 1772.

Semée en place en avril, ou en pot pour remettre plus tard en pleine terre, elle a toutes les qualités de l'épinard, au point qu'on s'y méprend, et elle a l'avan-

tage que plus il fait chaud, plus elle produit, tandis
que, dans cette saison, l'épinard monte si vite que
l'on en peut quelquefois à peine obtenir une cueil-
lette. Quelques-uns la regardent comme une assez
médiocre plante, très capricieuse, et qui réussit souvent mal.

ONAGRAIRES.

Mâcre. Châtaigne d'eau. *Trapa natans*, L. Le *Tribulus
aquatilis* de Dodonée.

Cette plante, qui croît dans les eaux dormantes,
mais non croupissantes, les étangs de l'Europe et
de l'Asie, donne un fruit alimentaire en usage dans
les pays où il y a beaucoup d'étangs. En Chine elle
est l'objet d'une culture régulière, et Pline (lib. xxii.
c. 12) rapporte que les Thraces (Rouméliotes) qui
habitent les bords du Strymon, engraissent leurs
chevaux avec les feuilles et font avec l'amande un
pain très agréable au goût. Ces fruits ont à peu près
la couleur des châtaignes, mais sont moins gros et
armés de quatre grosses pointes dures, légèrement
recourbées : ils contiennent une amande dure, blanche, d'une saveur très agréable, et se mangent crûs,
ou cuits dans l'eau ou sous la cendre. On les conserve dans l'eau pendant tout l'hiver. Pour la multiplier, il suffit d'en jeter les fruits mûrs dans la pièce

d'eau où on veut se la procurer, comme nous avons
fait dans le grand bassin de l'École au Jardin Botanique. On ne doit pas trop retarder la récolte, car
les fruits mûrs se détachent et vont à fond. Quelques
auteurs regardent la plante comme annuelle, d'autres
comme vivace. *In superiore Germania*, dit Dodonée, *in lutosis lacubus et urbium fossis, quibus
limosus subest fundus nasci Cordus refert. Apud
Brabantos verò et alibi in Belgio in stagnantibus
puris et fontanis aquis non rarò reperitur.* Il faut
donc des étangs à fond vaseux et argileux, et des eaux
bien claires et pures. On devrait bien essayer chez
nous la MACRE BICORNE, *Trapa bicornis*, D. C., apportée de la Chine en 1790, et les MACRES A QUATRE
ÉPINES et A DEUX ÉPINES, *Trapa quadrispinosa et
bispinosa*, D. C., apportées en 1823 de la Perse;
surtout celle de Chine.

Onagre, Herbe aux ânes. *OEnothera biennis*, L.

Cette plante est originaire de l'Amérique septen-
trionale, où elle croit depuis la Virginie jusque dans
le Canada ; transportée dans les jardins d'Europe au
17ᵉ siècle, elle s'y est si bien naturalisée qu'elle s'est
ensuite répandue dans les campagnes où elle est
commune le long des jardins potagers, comme à
Schaerbeck, par exemple.

Indiquée d'abord comme potagère, on la néglige

aujourd'hui ; cependant on en fait cas et on la cultive dans plusieurs parties de l'Allemagne. On sème
en avril et on replante à 18 pouces en planches fumées dès l'automne précédent ; on arrache en octobre
en ne conservant que les feuilles centrales (le cœur)
pour les mettre dans du sable à la cave. On les
mange cuites, coupées par tranches, ou mises en salade, soit apprêtées à la sauce blanche comme les sal-
sifis, ou dans la soupe. Ces racines deviennent dures
vers Pâques, de même que celles qu'on a laissées sur
place ; car elles ne redoutent aucunement le froid.
En cet état elles forment une bonne nourriture pour
les cochons qui les aiment beaucoup, et les tiges
sèches servent à chauffer les fours. Encore une
plante précieuse comme ressource d'hiver tant pour
l'homme que pour cet animal si utile, le porc, et
cependant nous la négligeons entièrement.

ROSACÉES.

Pimprenelle commune. *Poterium sanguisorba*, L.

Cette plante vivace, qui croît dans nos bois mon-
tueux et sur les coteaux ainsi que dans les prés secs,
est employée comme assaisonnement dans les salades,
dont ses feuilles, par leur qualité tonique, relèvent
agréablement le goût, et facilitent la digestion des
autres herbes ordinairement un peu fades auxquelles

on les joint. On les met aussi dans les bouillons aux herbes. Nous devrions la cultiver, même en grand comme fourrage, ainsi que je l'ai vu pratiquer dans une ferme de M. le président Bonaventure, parce qu'elle a l'avantage de venir dans les terrains les plus maigres, là où la luzerne et le sainfoin ne peuvent réussir, qu'elle résiste aux grandes sécheresses et conserve ses feuilles pendant que celles des autres plantes sont desséchées et grillées par la chaleur du soleil ; et sous ce rapport elle peut être d'un grand secours pour les troupeaux en été, attendu que les moutons, les bœufs et les vaches l'aiment beaucoup. On la multiplie en semant au printemps ou en éclatant les pieds.

LÉGUMINEUSES.

Fève de marais. *Faba vulgaris*, D. C.

Cette plante originaire de la Perse et des bords de la mer Caspienne, est aujourd'hui naturalisée en Europe, et sa culture ainsi que ses variétés sont parfaitement connues. Sèches, elles sont dures et coriaces, et ne peuvent servir qu'en purée. Recommandons cependant la culture d'une espèce nouvelle qui nous vient de la Chine, la FÈVE VERTE, *Faba viridis*, H., parce que son fruit mûr et sec reste vert, et qu'elle est très productive, quoiqu'un peu plus tardive que les autres.

Gesse cultivée, Lentille d'Espagne, Pois carré.
Lathyrus sativus, L.

Cette plante, originaire du midi de l'Europe, devrait être cultivée en grand chez nous. Indépendamment de ce qu'elle est bonne en vert, sèche elle se mange en purée. Ses graines, bouillies ou réduites en farine grossière, engraissent promptement les cochons, poules et pigeons. Dans plusieurs parties du midi de la France, la gesse est même employée à la nourriture des hommes, et elle fait, dans certains cantons, une grande partie de la subsistance du peuple. Elle réussirait très bien chez nous, si on confiait ses graines à la terre au printemps, lorsque les gelées ne sont plus à craindre.

Gesse tubéreuse. *Lathyrus tuberosus*, L.

Cette plante, qui se trouve dans les moissons du midi de la France et de l'Europe, a des racines qui produisent des renflements brunâtres extérieurement et qui contiennent une sorte de chair blanche, tendre, ayant un goût de châtaigne. Dans les campagnes où elle est commune, on la connaît sous les noms d'*anette, gland de terre, marjon, méguzon,* etc., et l'on mange ses tubercules, que l'on ramasse sur la terre lors des labours d'automne et d'hiver, après les avoir fait cuire dans l'eau ou sous la cendre ; les enfants même les mangent souvent crûs. D'après l'analyse que Parmentier a faite de ces tubercules, et surtout d'après celle de Braconnot (*Ann. chim. et phys.*, t. VIII, pag. 241), elle contient : eau, 328; amidon, 84; sucre de canne, 30; matière animalisée, 15; albumine, 14; fibre ligneuse, 25; des sels, une huile rance, une sorte d'adipocire et un principe colorant. La substance animale ayant été depuis reconnue pour du gluten, on voit qu'elle contient les mêmes éléments que le froment et que l'on pourrait en faire du pain. Cependant ces tubercules sont trop peu volumineux et trop peu abondants sur les racines de cette plante pour qu'elle puisse être utile à l'alimentation en grand, à moins que, par la culture, on ne parvienne à les améliorer, ce qui, du reste, est fort probable. C'est donc un essai précieux à tenter, d'autant plus qu'elle vient fort bien dans nos jardins.

Haricot. *Phaseolus, L.*

Cette plante annuelle est trop connue pour que je m'y arrête longtemps. Remarquons cependant qu'on en connaît une cinquantaine d'espèces, toutes exotiques, et que leur culture a été par trop négligée dans notre pays, surtout depuis l'introduction de la pomme de terre; car les haricots forment un aliment très nourrissant, soit dans leur pays natal, soit dans presque toutes les contrées du monde où ils ont été transportés. Je crois donc nécessaire d'indiquer ici quelques-unes des meilleures variétés.

Haricots volubiles ou à rames.

1. Le *Haricot de Soissons, Phaseolus compressus,* D. C., si estimé à Paris en sec, est tardif.

2. Le *Haricot sans parchemin* ou *prudhomme,* à graines petites, arrondies, bon en vert et en sec.

3. Le *Haricot sabre.* Le plus généralement cultivé chez nous pour être coupé en lanières (*snyboonen*) et confit au sel comme provision d'hiver. Les graines sèches ou fraîches valent celles de Soissons.

4. Le *Haricot sans fil* des environs de Lyon, mériterait d'être cultivé chez nous, parce que ses gousses sont très tendres et donnent pendant tout l'automne jusqu'aux gelées. Ses graines sèches sont encore très bonnes.

5. Le *Haricot de Prague* ou *Pois rouge*, très productif quand l'automne est beau, comme il l'est le plus souvent chez nous, mériterait d'être cultivé en grand, parce que ses gousses sont sans parchemin (sans membrane interne coriace) et par conséquent propre à être mangé en vert. Le grain en sec est très farineux et a un goût de châtaigne. Le *Prague bicolore* a les graines plus grosses. On nous en a envoyé de Vienne sous le nom de *Pois haricot du roi de Rome.*

Ces cinq variétés du haricot commun, de même que le haricot nain qui en est une aussi, mais non grimpante, ont été obtenues par les soins de l'homme, d'une plante originaire de l'Inde, et il serait à désirer que leur culture prît une extension plus considérable dans notre pays.

Haricot lunulé. *Phaseolus lunatus,* L.

Nommé, à tort, *Haricot de Lima,* attendu qu'il est originaire du Bengale, d'où il a été apporté en 1779. Ses tiges, droites inférieurement, deviennent volubiles dans leur partie supérieure et s'élèvent à deux ou trois pieds. Ses gousses ont la forme d'un sabre, et elles contiennent des graines ovales, rougeâtres. Donne un produit énorme; ses graines sont très farineuses, mais il est un peu délicat et tardif, et doit être mis dans de petits pots sur couche pour replanter en mai. Ses deux variétés sont dites *Haricot du Cap* et *Sieva.* Conviendrait pour la culture maraîchère des environs des grandes villes.

Le *Haricot d'Alger,* espèce nouvelle qui n'est pas difficile sur le terrain, a le grain rond comme celui de Prague, mais absolument noir ; il est extrêmement productif et très précoce ; excellent en sec.

Haricots nains à tiges droites ou sans rames.

Le HARICOT NAIN, *Phaseolus nanus,* L., ressemble beaucoup au haricot commun, mais ne grimpe point et ne s'élève guère qu'à un pied ou quinze pouces. Originaire de l'Inde et cultivé de temps immémorial en Europe. Il a plusieurs variétés.

1. Le *nain hâtif de Hollande,* connu chez nous, se mange en vert.

2. Le *flageolet,* très hâtif, se mange en vert.

3. Le *gros-pied,* ou *Soissons nain,* très bon en grain, frais écossé et en sec.

4. Le *nain blanc sans parchemin ;*

5. Le *sabre nain,* sont deux variétés analogues, à cosses longues et larges, excellents en sec, et que nous recommandons de cultiver en grand comme provisions d'hiver.

6. Le *nain blanc d'Amérique.*

7. Le *haricot de la Chine.* Très bons en sec.

Je ne parle pas des haricots qui ne sont bons qu'en vert, tels que le *Haricot suisse* et ses variétés : on les trouve décrits partout. Exceptons cependant une variété de Suisse, le *Haricot solitaire,* parce qu'on n'en met qu'un par trou ; il est extrêmement productif, et bon en grain frais ou sec.

8. Le *Haricot rouge d'Orléans* mérite l'attention de nos cultivateurs qui ne le connaissent pas ; il est particulièrement estimé pour manger en sec, en étuvée.

Culture des haricots.

Les haricots ayant pour patrie primitive les contrées chaudes du globe, redoutent les froids assez vifs qui, en certains temps, règnent dans nos régions tempérées. Le grand semis pour manger en sec et de ceux destinés à la récolte des graines doit être fait, chez nous, du 10 au 25 mai, comme me l'a souvent répété feu M. le président Bonaventure, qui en faisait des récoltes considérables pour la nourriture d'hiver de sa maison et de sa ferme : plus tôt, la fraîcheur des nuits et l'humidité du sol peuvent les détruire ou influer sur leur végétation assez puissamment pour diminuer beaucoup les produits de la récolte ; après le 25, la maturité n'arriverait pas toujours avant les premières gelées blanches d'automne. Notez que je ne parle pas des haricots à manger en vert. Il leur faut une terre fraîche, légère et pourtant substantielle, plutôt sèche qu'humide, car les lieux marécageux ne leur conviennent aucunement. Cette plante aime beaucoup l'engrais consommé, et M. Bonaventure se servait de vieux *mestbacq,* ou fumier provenant des boues des rues. Si l'on veut en essayer la culture dans des terrains argileux et compactes, ce que je ne conseille aucunement, il faut plus de façons, semer plus tard et se servir de fumier de vache plutôt que de celui de cheval, parce qu'il conserve bien plus longtemps une sorte d'humidité qui est nécessaire pour cette graine. Il ne faut pas non plus semer en touffes dans ces sortes de terrains, mais en ligne, grain à grain, ou au plantoir. Ces deux méthodes sont préférables à celle de semer à la volée qui offre beaucoup d'inconvénients, mais est plus expéditive. Un moyen terme, c'est de semer en rayons, en laissant tomber une à une les

graines dans les sillons, et de les recouvrir ensuite
avec la herse. Quand le terrain est sec et que la variété semée est destinée à s'élever beaucoup, la distance entre chaque semence doit être plus grande.
Quand on les plante en échiquier, la distance doit
être d'un pied. Une chose que l'on néglige généralement, c'est de faire tremper les graines dans l'eau
pendant vingt-quatre heures avant de les semer.
Alors qu'il survienne un peu de pluie, et la germi-
nation est très prompte.

Une méthode très vicieuse, c'est celle de retrancher le sommet des haricots grimpants, quand ils
sont parvenus à une certaine hauteur. Cette opération force la séve à se porter dans les bourgeons
latéraux, fait naître de nouveaux scions dont les
fleurs avortent presque toujours, surtout dans notre
climat.

Les pluies comme les grandes sécheresses sont
très nuisibles aux haricots, les premières faisant
avorter les fleurs, les secondes rendant les graines
dures. Pour que les haricots ne s'altèrent point, il
vaut mieux les laisser dans la gousse ; de la sorte ils
se conservent bien plus longtemps, et les écosser à
la main. Les tiges sèches peuvent servir de litière.
Pour conserver les haricots, on les étale sur des
claies qu'on met à l'ombre dans un lieu bien aéré ;
on les renferme ensuite dans des greniers bien secs,
afin qu'ils ne moisissent pas.

Je me suis étendu un peu longuement sur la cul-

ture de cette plante qui mérite d'être cultivée plus
en grand dans notre pays pour remplacer au besoin
la pomme de terre, parce que les préceptes que je
donne sont loin d'être connus et sont le résultat de
ce que j'ai vu pratiquer par le président Bonaventure, agronome très distingué, et qui cultivait ce
légume sur une grande échelle.

Notons, en passant, le HARICOT D'ESPAGNE, *Phaseolus multiflorus,* Lamk. D. C., à fleurs d'un beau
rouge et qui a une variété à fleurs blanches, l'une
et l'autre originaires de l'Amérique du Sud, d'où
elle a été apportée en 1633 en Espagne, et qui
n'est le plus souvent cultivé dans les jardins que
pour l'ornement, et parce qu'il est chargé de fleurs
éclatantes pendant tout l'été et même pendant une
grande partie de l'automne, est cependant excellent
comme légume. « Mais, dit Rosier dans son *Cours*
» *d'Agriculture,* je ne vois pas trop pourquoi, dans
» nos provinces du Nord, ce haricot est cultivé
» comme plante de simple agrément. D'après ma
» propre expérience, il est certain que ce légume,
» cueilli nouveau, est très bon et s'accommode de
» tous les assaisonnements qu'on fait aux haricots
» ordinaires. Les semences, parvenues à une cer-
» taine grosseur, sont très bonnes mangées en vert,
» et lorsqu'elles sont sèches, elles fournissent une
» bonne purée. » Miller est du même sentiment:
mais ce que ces auteurs ne disent pas, c'est que ce
haricot est *vivace,* et que, préservé de la gelée,

soit sur place, soit dans une cave où on l'enterre
dans le sable pour le replanter après l'hiver, il produit l'année suivante de nouvelles tiges aussi vigoureuses et plus précoces dans leur floraison que les
plantes de graine. Les *Haricots du Cap* et *de Lima*,
traités de même, présenteront des résultats semblables.

Lentille. *Ervum lens*, L. *Variétés*, **Grosse Lentille,
Lentille blonde.**

Cette plante, très anciennement connue et cultivée
pour la nourriture de l'homme, dont Dioscoride et
Théophraste parlent sous le nom de *Phocos*, et pos-
térieurement connue sous le nom de *Lens*, croît
naturellement dans les moissons du midi de l'Europe, et se trouve cultivée abondamment en plein
champ jusque dans le nord de la France.

Chez nous, mais à tort, elle est entièrement négligée, car c'était un des légumes que les anciens
estimaient le plus, et elle contient, indépendamment
de sa fécule, un principe tonique et astringent.

Comme elle réussit bien mieux dans un sol mai-
gre, léger et sablonneux, tel que celui de la Campine où on ferait bien de la cultiver en grand, que
dans un terrain gras, je vais entrer dans quelques
détails sur sa culture.

Dans le Nord on sème communément les lentilles
en mars et au commencement d'avril, lorsque les

gelées ne sont plus à craindre ; mais celles qui ont
été sémées à l'automne rapportent davantage , lorsque l'hiver n'a pas été trop rigoureux. Un seul la-
bour suffit à la terre qui doit les recevoir. On les
sème de trois manières; à la volée, par rayons éloi-
gnés les uns des autres d'un pied à quinze pouces,
ou par touffes disposées en échiquier à la distance
d'un pied en tous sens. Ces deux dernières méthodes
sont les meilleures. On les bine deux fois, la première, par un temps humide, quand les pieds ont
trois ou quatre pouces ; la seconde quand ils sont en
fleurs. Comme nos printemps sont presque toujours
humides, je pense que leur culture réussirait chez
nous. Remarquez qu'à la maturité les gousses s'ou-
vrent spontanément ; il faut donc les recueillir avant,
ce qui se voit quand la plante commence à se dégar-
nir de ses feuilles inférieures et que les gousses
prennent une couleur grise rousseâtre ; cela a lieu
communément fin de juillet chez nous. On arrache
les tiges à la main, on les met en petites bottes qu'on
étend pendant deux ou trois jours sur des haies
pour les faire sécher, contre des murs ou sur le
champ même. On les conserve dans leurs gousses
et on les bat à fur et mesure des besoins. Les fanes
sont un excellent fourrage, qui est du goût de tous
les bestiaux. On peut les conserver pendant deux
ans.

Bosc a rappelé que les anciens avaient l'habitude
de faire germer les lentilles avant de les faire cuire,

pour développer leur principe sucré. Avec les haricots et les pois, ce légume faisait, avant l'introduction de la pomme de terre et après le pain, la principale nourriture du peuple des campagnes. Je répète qu'on a eu le plus grand tort d'en négliger la culture, ne fût-ce que pour en fournir à la classe aisée qui en mange considérablement réduites en purée; pour cette raison, nous sommes obligés de les faire venir de l'étranger.

Lentille à une fleur, Jarosse d'Auvergne. *Vicia monantha,* Lam. *Ervum monanthos,* L.

La Lentille d'Auvergne vient parfaitement dans de mauvais terrains siliceux comme les sables de la Campine ou de Diest, ce qui devrait engager à la cultiver chez nous, parce qu'elle donne un fourrage doux et de bonne qualité, surtout quand ses tiges articulées sont soutenues par un peu de seigle ou d'avoine d'hiver. On fait cependant un grand usage de ses graines à Orléans et dans les environs où on les mange comme les lentilles. On en sème environ un hectolitre par hectare en automne; elle résiste bien à l'hiver. Les masses de fourrage qu'on obtient de cette lentille et du pois gris d'hiver doivent la faire admettre dans la culture de nos sables.

Lentillon. *Ervum lens minor,* C. V.

Fourrage estimé, cultivé beaucoup dans les terres sèches des environs de Paris. Semer au printemps avec un peu d'avoine destiné à le soutenir, et en septembre avec du seigle.

Orobe tubéreuse. *Orobus tuberosus,* L.

Cette plante, qui n'est pas rare dans les pâturages et les bois, surtout du pays de Liége et du Luxembourg (*Rev. Fl. Spa*), a de petites tubérosités radicales, à peu près de la grosseur des noisettes, et qui sont assez bonnes à manger, après avoir été cuites dans l'eau. En Écosse, pays où elles viennent naturellement en grande abondance, les habitants des montagnes les ramassent, les font sécher, et les emploient ensuite comme aliment dans leurs voyages. En y ajoutant de l'eau et un peu de levain, ils les font fermenter et en préparent une boisson qui est douce, rafraîchissante et salubre.

Pois. *Pisum sativum,* L.

Les nombreuses variétés de cet excellent légume sont généralement connues. Qu'il me soit permis cependant de m'arrêter un instant sur l'une d'elles qui mérite la plus sérieuse attention de la part des cultivateurs : c'est le pois à rames, dit *gros vert normand*.

Feu M. le président Bonaventure qui occupait en toute saison une cinquantaine d'ouvriers à sa belle campagne de Jette-St-Pierre, aujourd'hui le pensionnat du Sacré-Cœur, et qui les nourrissait, avait une antipathie prononcée pour la pomme de terre. mais à tort sans doute. Quoiqu'il en soit, il y cultivait en grande quantité ce pois tardif à grandes rames, et il en obtenait une nourriture en sec qui remplaçait presque entièrement la pomme de terre pendant la saison d'hiver pour l'alimentation de ses travailleurs. Je ne sache pas qu'une expérience aussi en grand ait été faite nulle autre part dans notre pays, et j'appelle là-dessus l'attention la plus sérieuse du Gouvernement et des agriculteurs, car dans ma conviction intime, et d'après ce que j'ai vu pratiquer pendant un grand nombre d'années, cette variété de pois pourrait, au besoin, suppléer entièrement la pomme de terre. Après celui-là je citerai le *pois-fève,* grand et tardif; le *pois de Knight* et le *lady s'finger* à grandes cosses, mais qui ne valent pas le *pois normand* pour le manger en sec. Notons, en passant, qu'on engraisse mieux la volaille avec la pisaille (*Pisum arvense,* L.), qu'avec la pomme de terre, surtout si on fait alterner cette nourriture avec le sarrasin.

Quant à la culture du pois normand, il n'est

aucunement difficile sur le terrain, et trop d'engrais le fait pousser trop vigoureusement au détriment de ses fruits ; un peu de fumier des rues (*mestbacq*) est ce qui lui convient le mieux. Il préfère cependant un sol sec et léger à celui trop humide ou compacte. Il se plante par 5 ou 6 pois, à la distance d'un pied, en avril, mai et juin.

Le *pois normand* est très nourrissant, moins lourd, moins venteux et plus facile à digérer que les haricots. En purée surtout il est on ne peut plus sain. La plante doit commencer à jaunir avant que l'on récolte les fruits. On vient de m'envoyer d'Anvers un pois tuberculeux provenant de la Chine où le peuple le mange abondamment en sec.

Pois chiche, Cicérole, Garvance. *Cicer arietinum*, L.

Originaire des pays chauds ; en Égypte et dans le Levant le peuple en fait grand usage, et cela remonte à un temps immémorial. Cultivé en France, ses graines se mangent comme les pois ordinaires ; elles sont très nourrissantes, mais d'une digestion difficile pour les estomacs délicats, étant dures et coriaces ; en les réduisant en purée, tout le monde les mange avec plaisir, et ce sont eux qui font la base de la fameuse *purée aux croûtons*, tant estimée à Paris. Ses feuilles servent de fourrage aux bestiaux. Cette plante mériterait d'être cultivée en grand chez nous, et serait d'une grande ressource en tout temps. Il faut semer les graines au printemps, et les récolter l'automne un peu avant la parfaite maturité, pour qu'elles cuisent bien.

Il y a plusieurs variétés de pois chiches, et les Espagnols en distinguent principalement deux : les petits pois chiches que l'on mange pendant l'été, et les gros que l'on garde pour l'hiver. Comme ils ne craignent pas le froid, on pourrait essayer de les semer fin d'octobre ou en novembre, afin que le semis ait le temps de prendre de la force avant les gelées. Au printemps, on en fauche les tiges à plusieurs reprises pour les donner vertes aux moutons, et surtout aux vaches qui en sont très friandes et dont elles augmentent le lait.

La plante contient un acide (*acide cicérique* de Deyeux et Proust); c'est un mélange d'acide oxalique et d'acide acétique.

Vesce. *Vicia sativa,* L.

Les vesces sont de bons fourrages : je ne les mentionne ici que pour le *Vicia canadensis,* D. C., dite Lentille du Canada, et que certains horticulteurs regardent comme une variété de la vesce commune.

Espèce ou variété, elle vient fort bien dans notre pays, et mériterait d'être cultivée en grand, parce que ses semences font un bon pain. On la sème au mois de novembre. Il a été observé que c'est surtout après la culture de cette vesce que les récoltes de céréales ou autres plantes sont plus abondantes qu'après tout autre.

D'autres espèces de vesces indigènes pourraient être cultivées utilement surtout dans les sables de la Campine. Telles la VESCE FAUSSE ESPARCETTE, *Vicia onobrychioides,* L., et la VESCE FAUSSE GESSE, *Vicia lathyroides,* L. L'Allemagne produit une VESCE VELUE, *Vicia villosa,* ROTH. (non D. C.), figurée dans STURM, *s'Deutschl. Flora* I, fasc. 31, à fleurs en longues grappes bleu-violet, semblables à celles de notre vesce multiflore (*Vicia cracca,* L.). L'introduction en Écosse de cette vigoureuse espèce annuelle a valu à M. Arch. Gorrie la médaille de la Société d'Agriculture de la haute Écosse. Elle résiste aux gelées, est hivernale et très rustique, mais donne des tiges d'environ sept pieds qu'on peut difficilement soutenir, à moins de l'entremêler avec le grand seigle de Russie et le multicaule. Elle préfère les terrains sableux et doux.

Trèfle rouge de Hollande. *Trifolium pratense,* L.

Tout le monde connaît cette plante fourragère dont la culture est si étendue : elle aime les terrains frais, argileux et profonds : son défaut est de demander au moins deux années d'intervalle avant de la ramener sur la même terre, et aussi de manquer en grande partie quand les hivers sont longs et entremêlés de pluies et de gelées. En été elle a l'inconvé-

nient de sécher moins vite que la luzerne et le sainfoin, mais il a l'avantage de remplacer l'année de
jachère.

Un trèfle qui résiste mieux aux intempéries des
saisons, et dont on devrait vulgariser la culture, c'est
le TRÈFLE HYBRIDE, *Trifolium hybridum*, L. Il
croît naturellement dans plusieurs parties de l'Europe, et le professeur Wahlberg, dans un ouvrage
estimé sur les fourrages de la Suède, dit que depuis
environ quarante ans on a commencé à le cultiver
dans le midi de ce pays, où il est très commun, et
se nomme *Alsike*. Il est figuré dans le *Deutschlands
Flora* de Sturm, I, fasc. 15. On en obtient des produits supérieurs à ceux de tous les fourrages connus,
attendu qu'il atteint une hauteur de 3 à 5 pieds et
donne quelquefois jusqu'à 10,000 kilogrammes par
hectare. Il aime les terres humides, fortes et argileuses et résiste mieux au climat que le trèfle rouge.
On n'en obtient qu'une coupe; mais il dure un grand
nombre d'années, parce qu'il se resème de lui-même.
Cette reproduction spontanée et prolongée dans le
même terrain doit contrarier un peu les partisans de
la théorie des alternances.

Un trèfle qui s'en rapproche est le TRÈFLE ÉLÉ-
GANT, *Trifolium elegans*, SAVI, qui est plus petit
dans toutes ses parties, dont la feuille est marquée
d'un chevron brunâtre ou vert pâle, marque qui
manque dans l'hybride; enfin l'élégant refleurit plus
longtemps et se ramifie davantage. Les auteurs des

différentes Flores s'accordent à dire que ce trèfle croît
dans les sols argilo-siliceux, quelquefois très pauvres
et à sous-sol ferrugineux. Il convient donc pour les
environs d'Aerschot, Diest, Tongres, St-Trond, etc.

Le TRÈFLE INCARNAT, *Trifolium incarnatum*, L.,
originaire de la Suisse et de l'Italie, commence à être
cultivé généralement chez nous, mais encore sur
une trop petite échelle. On le reconnaît à ses belles
fleurs couleur carmin, et quoiqu'il ne donne qu'une
coupe, et que son fourrage sec soit inférieur en qualité à celui du trèfle ordinaire, cependant à cause de
sa précocité, et parce qu'il suffit, par exemple, de le
semer fin août sur les chaumes de l'avoine pour le
récolter au commencement de mai, époque où naturellement on aurait mis la charrue dans la terre,
ces motifs réunis en font un fourrage précieux, qu'on
obtient sans dérangement aucun. Il vient dans toute
terre, excepté les calcaires, et périt rarement l'hiver.

Une variété de l'incarnat est le TRÈFLE DE MOLI-
NERI, *Trifolium Molineri*, W., qui se trouve plus au
Nord, est plus rustique, et à fleurs passant d'un
blanc sale au rouge pâle. Quoiqu'il soit spontané
dans le Nord, on commence à le cultiver, parce qu'il
est moins sujet à geler que la race méridionale.
Enfin, nous avons le TRÈFLE INCARNAT TARDIF, qui
se sème et se cultive comme l'autre, et lui succède
dans son produit. On doit avoir soin d'avoir toujours
de la graine bien franche. Il sert aussi à regarnir les
trèfles trop clairs.

Sainfoin. *Hedysarum onobrychis,* L.

Les bonnes qualités de ce fourrage sont trop connues pour en parler. Le long de la vallée de la Vesdre on en fait des pâturages artificiels; comme il réussit dans les terrains médiocres, sablonneux et graveleux, et surtout calcaires, et que, d'après de nombreuses expériences, sa culture a converti en terres à froment des champs de sable graveleux, il serait à désirer qu'on le cultivât sur une grande échelle dans les environs de Diest et d'Aerschot et dans certaines localités de la Campine. La variété SAINFOIN A DEUX COUPES OU CHAUD, des environs de Péronne, est plus vigoureuse, plus forte et plus productive, et donne deux coupes; cependant, l'expérience a démontré qu'elle ne vient bien que dans les bonnes terres.

Après avoir fait connaître les plantes potagères et fourragères, dont la culture peut avoir lieu dans notre pays, il me reste à examiner quels sont les genres de culture qui mériteraient d'être encouragés par le Gouvernement, et quel mode d'intervention celui-ci pourrait employer auprès des cultivateurs pour les y engager.

Les plantes qui doivent être préférées sont, d'abord, les nouvelles variétés et même certaines espèces négligées jusqu'ici de pommes de terre.

Dans un mémoire qu'il vient de présenter ce mois-ci (novembre 1845) à l'Académie des sciences de

Paris, M. Gaudichaud insiste sur ce point, que l'Amérique produit beaucoup d'espèces de Solanées presqu'inconnues jusqu'aujourd'hui, et qu'il faudrait essayer dans les établissements de l'État. Sans connaître quelles espèces il a en vue, je puis citer les *Solanum betaceum* de la Colombie, *muricatum, radicans, corymbosum, macrocarpon, Quitense,* etc., du Pérou, et un grand nombre d'autres.

Quant aux variétés, on devrait se les procurer toutes, attendu qu'elles ont été obtenues par la culture et sont acclimatées.

Par suite d'essais comparatifs, on pourrait engager à cultiver celles qui conviennent le mieux à nos différentes espèces de terrains, en indiquant l'époque de la plantation qui, en général, est trop tardive chez nous, le mode de culture, les qualités nutritives, le mode de conservation, etc.

Après la pomme de terre viennent, en première ligne, les haricots, dont j'ai indiqué les espèces et variétés qui méritent la préférence. Ensuite nous avons les pois et surtout le *pois normand quarré,* si abondant, si sucré, si facile à digérer, et qui, lui seul, peut remplacer la pomme de terre au besoin. Les lentilles aussi doivent être mentionnées et rappelées de l'oubli injuste dans lequel nous les laissons. Les choux présentent une nourriture aussi substantielle que variée. Je ne crois pas avoir besoin de parler des diverses Céréales qui sont cultivées en perfection chez nous, ni de leur composition chi-

mique, ni de leurs propriétés nutritives : j'engage
ceux qui voudront approfondir ce sujet à consulter
les divers traités du célèbre Parmentier, la *Chimie
organique* de Liebig , etc.

L'on place auprès des Céréales les Polygonées qui
sont farineuses et nourrissantes, telles que le blé
sarrasin, les *Polygonum talaricum, erectum.* Je
n'ai rien dit des noix, des noisettes, de la faîne du
hêtre, de la châtaigne, des glands doux des chênes
Quercus œsculus et *ballota,* qu'on mange en Grèce,
en Espagne, et de ceux de nos chênes que les Turcs
rendent doux en les perçant d'un stylet d'ivoire, et
en leur laissant subir un commencement de fermentation dans un endroit chaud et humide pour détruire le tannin et l'acide gallique, et développer le
principe sucré, comme nous faisons en faisant germer nos orges. (Voir la recette du *Racahout des
Arabes,* dans le volume des brevets expirés, publié
par le Gouvernement français.)

La châtaigne réussit bien chez nous et mériterait
d'être plantée dans certaines localités, surtout dans
le Condroz et l'Ardenne, ainsi que la variété qui
produit les marrons et le châtaignier d'Amérique, à
fruits excellents, et dont le bois précieux sert, aux
États-Unis, à une infinité d'usages. On sait assez
que la châtaigne contient, outre une fécule abondante, très agréable, du vrai sucre crystallisable et
un principe tonique ; qu'elle sert presque d'aliment
aux habitants des Cévennes, de la côte de Gênes, des

Apennins; que ces peuples deviennent aussi robus-
tes et beaux par cette seule nourriture que par des
aliments plus recherchés. On en fait tous les hivers
une grande consommation à Bruxelles où elles se
vendent dans les rues. Voilà bien des motifs pour
engager à la plantation de cet arbre dans les localités convenables, à terre franche, légère; car il ne
réussit pas dans les sols gras et trop frais, ni trop calcaires. Son bois souple, pesant, élastique, peut remplacer partout le chêne. Il résulte de cette revue
que, parmi les fruits secs les plus riches en fécule
nutritive, sont les Céréales, les Légumes ou gousses
et les Glands.

Reste la question du mode d'intervention. Je place
en première ligne l'achat annuel par le Gouvernement d'une certaine quantité de graines dont il dé-
sire la propagation, achat qui devrait d'abord se faire
dans le pays de production originel. On ferait faire
par les autorités communales un relevé de la quantité de terrain que l'habitant veut consacrer à tel ou
tel genre de culture, la quantité de semence dont
chacun aurait besoin, et le tout serait cédé par l'État
au prix coûtant. Mais pour encourager à la culture,
on devrait faire ce que l'on fait pour les bâtisses nouvelles, c'est-à-dire exempter de l'impôt foncier pendant un certain temps les terres qui seraient affectées
à cet objet. On devrait aussi faire entrer pour une
part déterminée ces substances dans la nourriture
du soldat, des hôpitaux, des prisons, des dépôts de

mendicité, etc. En outre l'entrée aux frontières de ces substances devrait être prohibée. Je ne fais qu'énumérer ici en gros quelques-unes des principales mesures à prendre, persuadé que les personnes qui se sont occupées d'une manière spéciale des moyens d'encourager les diverses productions indigènes pourront en indiquer de plus efficaces. Il me reste à invoquer l'indulgence des lecteurs pour ce petit écrit que j'ai composé dans l'unique but d'être utile à mes concitoyens, et pour répondre aux désirs de M. le Ministre de l'Intérieur.

TABLE DES MATIÈRES.

FIN.